¿QUÉ ES LA LÓGICA

Es la forma correcta de llegar a la respuesta equivocada pero sintiéndote contento contigo mismo.

Por eso te proponemos estos 101 problemas de lógica para ver si eres capaz de resolverlos.

De todas formas, si no eres capaz, al final tienes las soluciones, pero sería mejor que te esfuerces un poquito antes de verlas.

1. Si Ángela habla más bajo que Rosa y Celia habla más alto que Rosa, ¿habla Ángela más alto o más bajo que Celia?

2. La nota media conseguida en una clase de 20 alumnos ha sido de 6. Ocho alumnos han suspendido con un 3 y el resto superó el 5. ¿Cuál es la nota media de los alumnos aprobados?

3. De cuatro corredores de atletismo se sabe que C ha llegado inmediatamente detrás de B, y D ha llegado en medio de A y C. ¿Podría Vd. calcular el orden de llegada?

4. Seis amigos desean pasar sus vacaciones juntos y deciden, cada dos, utilizar diferentes medios de transporte; sabemos que Alejandro no utiliza el coche ya que éste acompaña a Benito que no va en avión. Andrés viaja en avión. Si Carlos no va acompañado de Darío ni hace uso del avión, podría Vd. decirnos en qué medio de transporte llega a su destino Tomás.

5. Tenemos cuatro perros: un galgo, un dogo, un alano y un podenco. Éste último come más que el galgo; el alano come más que el galgo y menos que el dogo, pero éste come más que el podenco. ¿Cuál de los cuatro será más barato de mantener?.

6. En un partido del prestigioso torneo de tenis de Roland Garros se enfrentaron Agasy y Becker. El triunfo correspondió al primero por 6-3 y 7-5. Comenzó sacando Agasy y no perdió nunca su saque. Becker perdió su servicio dos veces. Agasy rompió el servicio de su rival en el segundo juego del primer set y, ¿en qué juego del segundo set?

7. Un capitán en el Caribe fue rodeado por un grupo de serpientes marinas, muchas de las cuales eran ciegas. Tres no veían con los ojos a estribor, 3 no veían nada a babor, 3 podían ver a estribor, 3 a babor, 3 podían ver tanto a estribor como a babor, en tanto que otras 3 tenían ambos ojos arruinados. ¿Cuál es el mínimo número de serpientes necesarias para que con ellas se den todas esas circunstancias?

8. Con motivo de realizar un estudio estadístico de los componentes de una población, un agente analizó determinadas muestra de familias. El resultado fue el siguiente:

1) Había más padres que hijos.
2) Cada chico tenía una hermana.
3) Había más chicos que chicas.
4) No había padres sin hijos.

¿Qué cree Vd. que le ocurrió al agente?

9. Santana ganó a Orantes un set de tenis por 6-3. Cinco juegos los ganó el jugador que no servía. ¿Quién sirvió primero?

10. El caballo de Mac es más oscuro que el de Smith, pero más rápido y más viejo que el de Jack, que es aún más lento que el de Willy, que es más joven que el de Mac, que es más viejo que el de Smith, que es más claro que el de Willy, aunque el de Jack es más lento y más oscuro que el de Smith.

¿Cuál es el más viejo, cuál el más lento y cuál el más claro?

En ocasiones, ciertas personas se encuentran en una situación crítica, y sólo por su agudeza e inteligencia pueden salir de ella.

11. Un explorador cayó en manos de una tribu de indígenas, se le propuso la elección entre morir en la hoguera o envenenado. Para ello, el condenado debía pronunciar una frase tal que, si era cierta, moriría envenenado, y si era falsa, moriría en la hoguera.

¿Cómo escapó el condenado a su funesta suerte?

12. Un sultán encierra a un prisionero en una celda con dos guardianes, uno que dice siempre la verdad y otro que siempre miente. La celda tiene dos puertas: la de la libertad y la de la esclavitud. La puerta que elija el prisionero para salir de la celda decidirá su suerte.

El prisionero tiene derecho de hacer una pregunta y sólo una a uno de los guardianes. Por supuesto, el prisionero no sabe cuál es el que dice la verdad y cuál es el que miente.

¿Puede el prisionero obtener la libertad de forma segura?

13. Imaginemos que hay tres puertas y tres guardias, dos en las condiciones anteriores y el tercero que dice verdad o mentira alternativamente. ¿Cuál es el menor número de preguntas que debe hacer para encontrar la libertad con toda seguridad?

14. El director de una prisión llama a tres de sus presos, les enseña tres boinas blancas y dos boinas negras, y les dice: «Voy a colocar a cada uno de ustedes una boina en la cabeza, el primero de ustedes que me indique el color de la suya será puesto en libertad».

Si los presos están en fila, de manera que el primero no puede ver las boinas de los otros dos, el segundo ve la boina del primero y el tercero ve las boinas de los otros dos. ¿Por qué razonamiento uno de los presos obtiene la libertad?

15. El director de una prisión llama a tres de sus presos, les enseña tres boinas blancas y dos boinas negras, y les dice: «Voy a colocar a cada uno de ustedes una boina en la cabeza, el primero de ustedes que me indique el color de la suya será puesto en libertad».

Si los presos pueden moverse, y por tanto ver las boinas de los otros dos. ¿Por qué razonamiento uno de los presos obtiene la libertad?

16. Cuarenta cortesanos de la corte de un sultán eran engañados por sus mujeres, cosa que era claramente conocida por todos los demás personajes de la corte sin excepción. Únicamente cada marido ignoraba su propia situación.

El sultán: «Por lo menos uno de vosotros tiene una mujer infiel. Quiero que el que sea la expulse una mañana de la ciudad, cuando esté seguro de la infidelidad».

Al cabo de 40 días, por la mañana, los cuarenta cortesanos engañados expulsaron a sus mujeres de la ciudad. ¿Por qué?

17. Un pastor tiene que pasar un lobo, una cabra y una lechuga a la otra orilla de un río, dispone de una barca en la que solo caben él y una de las otras tres cosas. Si el lobo se queda solo con la cabra se la come, si la cabra se queda sola con la lechuga se la come, ¿cómo debe hacerlo?

18. En los tiempos de la antigüedad la gracia o el castigo se dejaban frecuentemente al azar. Así, éste es el caso de un reo al que un sultán decidió que se salvase o muriese sacando al azar una papeleta de entre dos posibles: una con la sentencia "muerte", la otra con la palabra "vida", indicando gracia. Lo malo es que el Gran Visir, que deseaba que el acusado muriese, hizo que en las dos papeletas se escribiese la palabra "muerte". ¿Cómo se las arregló el reo, enterado de la trama del Gran Visir, para estar seguro de salvarse? Al reo no le estaba permitido hablar y descubrir así el enredo del Visir.

19. Ana, Beatriz y Carmen. Una es tenista, otra gimnasta y otra nadadora. La gimnasta, la más baja de las tres, es soltera. Ana, que es suegra de Beatriz, es más alta que la tenista. ¿Qué deporte practica cada una?

20. Ejemplo que está en todos los manuales de lógica elemental. El silogismo:

«Los hombres son mortales,
Sócrates es hombre.
Luego, Sócrates es mortal».
es indudablemente conocido e inevitablemente válido. Qué ocurre con el siguiente:

«Los chinos son numerosos,
Confucio es chino.
Luego, Confucio es numeroso».

21. En un torneo de ajedrez participaron 30 concursantes que fueron divididos, de acuerdo con su categoría, en dos grupos. En cada grupo los participantes jugaron una partida contra todos los demás. En total se jugaron 87 partidas más en el segundo grupo que en el primero. El ganador del primer grupo no perdió ninguna partida y totalizó 7'5 puntos. ¿En cuántas partidas hizo tablas el ganador?

22. Tres naipes, sacados de una baraja francesa, yacen boca arriba en una fila horizontal. A la derecha de un Rey hay una o dos Damas. A la izquierda de una Dama hay una o dos Damas. A la izquierda de un corazón hay una o dos picas. A la derecha de una pica hay una o dos picas. Dígase de qué tres cartas se trata.

23. Tres parejas de jóvenes fueron a una discoteca. Una de las chicas vestía de rojo, otra de verde, y la tercera, de azul. Sus acompañantes vestían también de estos mismos colores. Ya estaban las parejas en la pista cuando el chico de rojo, pasando al bailar junto a la chica de verde, le habló así:

Carlos: ¿Te has dado cuenta Ana? Ninguno de nosotros tiene pareja vestida de su mismo color.

Con esta información, ¿se podrá deducir de qué color viste el compañero de baile de la chica de rojo?

24. Tres personas, de apellidos Blanco, Rubio y Castaño, se conocen en una reunión. Poco después de hacerse las presentaciones, la dama hace notar:

"Es muy curioso que nuestros apellidos sean Blanco Rubio y Castaño, y que nos hayamos reunido aquí tres personas con ese color de cabello"

"Sí que lo es -dijo la persona que tenía el pelo rubio-, pero habrás observado que nadie tiene el color de pelo que corresponde a su apellido." "¡Es verdad!" -exclamó quien se apellidaba Blanco.

Si la dama no tiene el pelo castaño, ¿de qué color es el cabello de Rubio?

25. Cierta convención reunía a cien políticos. Cada político era o bien deshonesto o bien honesto. Se dan los datos:
a) Al menos uno de los políticos era honesto.

b) Dado cualquier par de políticos, al menos uno de los dos era deshonesto. ¿Puede determinarse partiendo de estos dos datos cuántos políticos eran honestos y cuántos deshonestos?

26. Armando, Basilio, Carlos y Dionisio fueron, con sus mujeres, a comer. En el restaurante, se sentaron en una mesa redonda, de forma que:

- Ninguna mujer se sentaba al lado de su marido.
- Enfrente de Basilio se sentaba Dionisio.
- A la derecha de la mujer de Basilio se sentaba Carlos.
- No había dos mujeres juntas.

¿Quién se sentaba entre Basilio y Armando?

27. Tres sujetos A, B y C eran lógicos perfectos. Cada uno podía deducir instantáneamente todas las conclusiones de cualquier conjunto de premisas. Cada uno era consciente, además, de que cada uno de los otros era un lógico perfecto. A los tres se les mostraron siete sellos: dos rojos, dos amarillos y tres verdes. A continuación, se les taparon los ojos y a cada uno le fue pegado un sello en la frente; los cuatro sellos restantes se guardaron en un cajón.

Cuando se les destaparon los ojos se le preguntó a A:

-¿Sabe un color que con seguridad usted no tenga?

A, respondió: -No.

A la misma pregunta respondió B: -No.

¿Es posible, a partir de esta información, deducir el color del sello de A, o del de B, o del de C?

28. Problema propuesto por Einstein y traducido a varios idiomas conservando su lógica. Einstein aseguraba que el 98% de la población mundial sería incapaz de resolverlo. Yo creo que Vd. es del 2% restante. Inténtelo y verá como tengo razón.

Condiciones iniciales:

- Tenemos cinco casas, cada una de un color.
- Cada casa tiene un dueño de nacionalidad diferente.
- Los 5 dueños beben una bebida diferente, fuman marca diferente y tienen mascota diferente.
- Ningún dueño tiene la misma mascota, fuma la misma marca o bebe el mismo tipo de bebida que otro.

Datos:

1. El noruego vive en la primera casa, junto a la casa azul.
2. El que vive en la casa del centro toma leche.
3. El inglés vive en la casa roja.
4. La mascota del Sueco es un perro.
5. El Danés bebe té.
6. La casa verde es la inmediata de la izquierda de la casa blanca.
7. El de la casa verde toma café.
8. El que fuma PallMall cría pájaros.
9. El de la casa amarilla fuma Dunhill.
10. El que fuma Blend vive junto al que tiene gatos.
11. El que tiene caballos vive junto al que fuma Dunhill.
12. El que fuma BlueMaster bebe cerveza.
13. El alemán fuma Prince.
14. El que fuma Blend tiene un vecino que bebe agua.

¿Quién tiene peces por mascota?

29. Colocar un número en cada cuadro de una tabla de 3 filas x 3 columnas, teniendo en cuenta que:

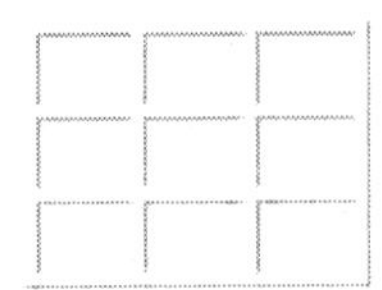

a) 3, 6, 8, están en la horizontal superior.
b) 5, 7, 9, están en la horizontal inferior.
c) 1, 2, 3, 6, 7, 9, no están en la vertical izquierda.
d) 1, 3, 4, 5, 8, 9, no están en la vertical derecha.

30. Colocar un número en cada cuadro de una tabla de 3 filas x 3 columnas, teniendo en cuenta que:

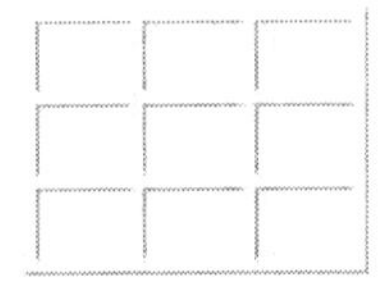

a) 3, 5, 9, están en la horizontal superior.
b) 2, 6, 7, están en la horizontal inferior.
c) 1, 2, 3, 4, 5, 6, no están en la vertical izquierda.
d) 1, 2, 5, 7, 8, 9, no están en la vertical derecha.

31. En una mesa hay cuatro cartas en fila:

1. El caballo esta a la derecha de los bastos.
2. Las copas están más lejos de las espadas que las espadas de los bastos.
3. El rey está más cerca del as que el caballo del rey.
4. Las espadas, más cerca de las copas que los oros de las espadas.
5. El as esta más lejos del rey que el rey de la sota.

¿Cuáles son los cuatro naipes y en qué orden se encuentran?

32. Colocar un número en cada cuadro de una tabla de 3 filas x 3 columnas, teniendo en cuenta que:

a) 4, 5, 6, están en la horizontal superior.
b) 7, 8, están en la horizontal inferior.
c) 2, 3, 4, 5, 8, 9, no están en la vertical izquierda.
d) 1, 5, 6, 7, 8, 9, no están en la vertical derecha.

33. Cuatro jugadores de rugby entran en un ascensor que puede trasportar un máximo de 380 kilos. Para que no suene una alarma, que detendría al elevador por exceso de carga, tiene usted que calcular su peso total con gran rapidez.

Pero, ¿cuánto pesa cada jugador? He aquí los datos:

Pablo es quien pesa más: si cada uno de los otros pesara tanto como él, la alarma detendría el ascensor.

Carlos es el más ligero: ¡el ascensor podría subir a cinco como el¡ Renato pesa 14 kilos menos que Pablo, y solo seis menos que Jesús. Jesús pesa 17 kilos más que Carlos. Los peces de Pablo y de Carlos son múltiplos de cinco.

34. Colocar un número en cada cuadro de una tabla de 3 filas x 3 columnas, teniendo en cuenta que:

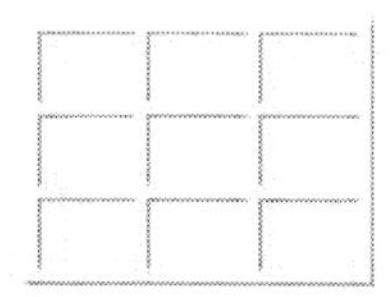

a) 2, 5, 6, están en la horizontal superior.

b) 4, 7, 8, están en la horizontal inferior.
c) 2, 3, 4, 6, 7, 9, no están en la vertical izquierda.
d) 1, 2, 4, 5, 8, 9, no están en la vertical derecha.

35. La oruga piensa que tanto ella como el lagarto están locos. Si lo que cree el cuerdo es siempre cierto y lo que cree el loco es siempre falso, ¿el lagarto está cuerdo? (Original de Lewis Carroll)

36. Tengo tres dados con letras diferentes. Al tirar los dados puedo formar palabras como: OSA, ESA, ATE, CAE, SOL, GOL, REY, SUR, MIA, PIO, FIN, VID, pero no puedo formar palabras tales como DIA, VOY, RIN.

¿Cuáles son las letras de cada dado?

37. Andrés: Cuando yo digo la verdad, tú también.
Pablo: Cuando yo miento, tu también.

¿Es posible que en esta ocasión uno mienta y el otro no?

38. Un niño y medio se comen un pastel y medio en un minuto y medio. ¿Cuántos niños hacen falta para comer 60 pasteles en media hora?

39. Cuando María preguntó a Mario si quería casarse con ella, este contestó: "No estaría mintiendo si te dijera que no puedo no decirte que es imposible negarte que sí creo que es verdadero que no deja de ser falso que no vayamos a casarnos". María se mareó.

¿Puede ayudarla diciéndola si Mario quiere o no quiere casarse?

40. Ángel, Boris, César y Diego se sentaron a beber. El que se sentó a la izquierda de Boris, bebió agua. Ángel estaba frente al que bebía vino. Quien se sentaba a la derecha de Diego bebía anís. El del café y el del anís estaban frente a frente.

¿Cuál era la bebida de cada hombre?

41. Buscamos un número de seis cifras con las siguientes condiciones.

- Ninguna cifra es impar.
- La primera es un tercio de la quinta y la mitad de la tercera.
- La segunda es la menor de todas.
- La última es la diferencia entre la cuarta y la quinta.

42. En una hilera de cuatro casas, los Brown viven al lado de los Smith pero no al lado de los Bruce. Si los Bruce no viven al lado de los Jones, ¿quiénes son los vecinos inmediatos de los Jones?

43. Completar la oración siguiente colocando palabras en los espacios: Ningún pobre es emperador, y algunos avaros son pobres: luego: algunos (.........) no son (.........).

44. De las siguientes afirmaciones. ¿Cuáles son las dos que tomadas conjuntamente, prueban en forma concluyente que una o más niñas aprobaron el examen de historia?

a) Algunas niñas son casi tan competentes en historia como los niños.
b) Las niñas que hicieron el examen de historia eran más que los niños.
c) Más de la mitad de los niños aprobaron el examen.
d) Menos de la mitad de todos los alumnos fueron suspendidos.

45. Las estadísticas indican que los conductores del sexo masculino sufren más accidentes de automóvil que las conductoras. La conclusión es que:

a) Como siempre, los hombres, típicos machistas, se equivocan en lo que respecta a la pericia de la mujer conductora.

b) Los hombres conducen mejor, pero lo hacen con más frecuencia.
c) Los hombres y mujeres conducen igualmente bien, pero los hombres hacen más kilometraje.
d) La mayoría de los camioneros son hombres.
e) No hay suficientes datos para justificar una conclusión.

46. Si al llegar a la esquina Jim dobla a la derecha o a la izquierda puede quedarse sin gasolina antes de encontrar una estación de servicio. Ha dejado una atrás, pero sabe que, si vuelve, se le acabará la gasolina antes de llegar. En la dirección que lleva no ve ningún surtidor. Por tanto:

a) Puede que se quede sin gasolina.
b) Se quedará sin gasolina.
c) No debió seguir.
d) Se ha perdido.
e) Debería girar a la derecha.
f) Debería girar a la izquierda.

47. Todos los neumáticos son de goma. Todo lo de goma es flexible. Alguna goma es negra. Según esto, ¿cuál o cuáles de las siguientes afirmaciones son ciertas?

a) Todos los neumáticos son flexibles y negros.
b) Todos los neumáticos son negros.
c) Solo algunos neumáticos son de goma.
d) Todos los neumáticos son flexibles.
e) Todos los neumáticos son flexibles y algunos negros.

48. Todas las ostras son conchas y todas las conchas son azules; además algunas conchas son la morada de animalitos pequeños. Según los datos suministrados, ¿cuál de las siguientes afirmaciones es cierta?

a) Todas las ostras son azules.
b) Todas las moradas de animalitos pequeños son ostras.
c) a) y b) no son ciertas.
d) a) y b) son ciertas las dos.

49. A lo largo de una carretera hay cuatro pueblos seguidos: los Rojos viven al lado de los Verdes pero no de los Grises; los Azules no viven al lado de los Grises. ¿Quiénes son pues los vecinos de los Grises?

50. Tomás, Pedro, Jaime, Susana y Julia realizaron un test. Julia obtuvo mayor puntuación que Tomás, Jaime puntuó más bajo que Pedro pero más alto que Susana, y Pedro logró menos puntos que Tomás. ¿Quién obtuvo la puntuación más alta?

51. Un hombre esta al principio de un largo pasillo que tiene tres interruptores, al final hay una habitación con la puerta cerrada. Uno de estos tres interruptores enciende la luz de esa habitación, que esta inicialmente apagada.

¿Cómo lo hizo para conocer que interruptor enciende la luz recorriendo una sola vez el trayecto del pasillo?

Pista: El hombre tiene una linterna.

52. Le pregunté a Ricardito:

- ¿Habrá alguna palabra española, de menos de ocho letras, que tenga tres enes?

Pensó un rato y me contestó. Pero de su respuesta no supe si Ricardito me había respondido que sí o que no.

¿Qué me dijo?

53. Mi hormiga preferida tarda justo 23 segundos en dar una vuelta completa por el borde del escritorio. ¿Cuánto tardará en dar 60 vueltas seguidas?

54. "Esta frase tiene cero errores" es una frase que dice la verdad. Complete la siguiente anotando un número correctamente escrito en letras, para que también sea verdadera.

"Esta frase tiene .... errores".

55. De un mazo me quedo con los corazones, del 1 al 13. Barajo y vuelco sobre la mesa tres cartas, una tras otra.

¿Cuál es la probabilidad de que las tres salgan en orden creciente?

56. Nico, el espía, debe encontrarse con su contacto, y le hace llegar la siguiente esquela. ¿Capta?

YA
OLA
LUNA
VEN
DEL
FRIO
UNICO

57. Teníamos la misma cantidad de dinero. Luego te di algo, y resulta que ahora tienes $10 más que yo. ¿Cuánto dinero teníamos y cuánto te di?

58. Un mexicano, después de pasar un tiempo en Nueva York, observó que mientras que allí las estaciones del año son toda igual de largas, en México no, allí son todas desparejas.

El mexicano sabía de qué hablaba. ¿Y usted?

59. Lucho y Mencho estuvieron anoche jugando a las cartas. El que ganaba una partida se anotaba un punto, el que perdía se restaba uno. Resultado: Lucho ganó tres partidos, Mencho termino con tres puntos. ¿Cuántas partidas jugaron?

60. Un domingo trepidaba. Cuco cielo. Severa sinfonía. .... nubes diabólicas ondulaban doloridas.

¿Cuántas nubes?

61. Si se intercambian las dos cifras de la edad del abuelo, se obtiene justo la mitad de la edad que tendrá el año que viene. ¿Qué edad tiene?

62. Si se intercambian las dos cifras de la edad de mi prima, se obtiene justo el doble de la edad que ella tendrá el año que viene. ¿Qué edad tiene?

63. DOSTOIEVSKY lo tiene, TOLSTOI no lo tiene.

MILTON lo tiene, SHAKESPEARE no lo tiene.

UNAMUNO lo tiene, QUEVEDO no lo tiene,.

Entre CERVANTES y CICERÓN, ¿quién lo tiene?

64. Primer acto: un hombre observa unidades.
Segundo acto: el mismo hombre observa decenas.
Tercer acto: el mismo hombre observa miles.
¿Con qué numero es conocida esta obra?

65. Primer acto: un señor entra a un comercio, pregunta un precio y se va sin comprar nada.
Segundo acto: una señora entra al comercio, pregunta un precio y se va sin comprar nada.
Tercer acto: una señorita entra al comercio, pregunta un precio y se va sin comprar nada.

¿Con qué número es conocida esta obra?

66. De la lista de todos los números del 1 a 1.000.000, sólo me quedo con aquellos que se escriben con unos y ceros: 1, 10, 11, ... ¿Con cuántos números me quedo?

67. Mi amiga Malena vive en el 6° piso, apartamento 28. Allá voy. En la planta baja no hay apartamentos; cada uno de los restantes pisos tiene igual cantidad de apartamentos. Con esto me basta para saber cuántos apartamentos hay por piso. ¿Cuántos?

68. Mi amiga Tutanka vive en el 12° piso, apartamento 101. En planta baja no hay apartamentos; yendo del primer piso hacia arriba, cada nuevo piso tiene un apartamento menos que el piso anterior. El portero vive en el único apartamento del último piso.

¿En qué piso vive el portero?

69. Daniela y María habían salido a mirar vidrieras y ahora entablaron una discusión sobre algo que habían visto. Al final, Daniela dijo:

- Te propongo lo siguiente: la que esté equivocada le compra a la otra una caja de bombones.

María aceptó.

A pesar de que era una propuesta ecuánime, Daniela arriesgaba mucho más que María.

¿Cómo se explica?

70. Tengo un número. Si lo multiplico por 4, sus dos cifras se intercambian de lugar. ¿De qué número se trata?

71. Ayer vi un perro con cuatro patas; las cabezas eran cinco. ¿Cómo se explica?

72. En el fútbol actual, el equipo que gana suma 3 puntos, el que empata 1, el que pierde 0. Antes era un poco distinto: el que ganaba sumaba 2 puntos. ¿Es posible que un equipo que hoy gana un torneo de todos contra todos pueda haber sido el último si se hubiera usado el sistema anterior?

73. En el año capicúa 2002, María, que había nacido en un año capicúa, cumplió una cantidad de años que era un número capicúa. ¿En qué año nació María?

74. Los romanos nos enseñaron que XL (40) es menor que L (50). Hoy vemos, sin embargo, que XL es mayor que L. ¿Dónde?

75. Agregue a cada uno de estos números un signo (el mismo signo en todos los casos) para ver aquí una secuencia usual.

1957 1958 1959 2000

76. Añada a cada uno de estos números un signo (igual signo en todos los casos) a fin de llegar a tener una secuencia bien conocida.

11 22 34 48

77. ¿Qué letra corresponde poner sobre cada guión (la misma letra siempre), para llegar a un hecho conocido?

__4 es la mitad de __3,
que es la mitad de __2,
que es la mitad de __1

78. Agregue un signo, el mismo en cada uno de las siguientes ecuaciones, para que luzcan correctas.

500 - 10 = 450
500 - 20 = 400
500 - 25 = 375

79. Intercale un signo todas las veces que crea necesario -el mismo signo siempre-, para que se cumpla la igualdad.

1 2 3 4 5 6 = 8 9 10

80. Agregue dos palitos para hacer valer la igualdad

1 2 x 3 = 5 6

81. El mago, vuelto de espaldas, le pide a un voluntario que eche en vaso unas cuantas cerillas, cuantas guste. Y que recuerde esa cantidad.

-No veo, no veo -dice el mago-, pero tengo un polvillo que hace maravillas: convierte los pares en impares, y los impares en pares.

Tras decirlo echa a ciegas en el vaso el polvillo mágico. Pide entonces que se recuenten las cerillas. ¡La predicción se ha cumplido!

Si el voluntario había puesto una cantidad impar, ahora encuentra una cantidad par, y si había puesto par, ahora hay impar.

¿Qué traía ese polvillo?

82. Anote una consonante sobre cada guión para formar una palabra. O _ _ O _ _ O

83. ESPAÑOL lo tiene, INGLÉS no lo tiene.

MASCULINO lo tiene, FEMENINO no lo tiene.

SINGULAR lo tiene, PLURAL no lo tiene.

Entre PALABRA y NÚMERO, ¿cuál lo tiene?

84. La abuela estaba en la cocina preparando café con leche para sus tres nietos que acababan de llegar de visita. Del salón le llegaron los pedidos. Dos lo querían con crema, dos con canela, dos con azúcar. Ninguno lo quería con los tres ingredientes. Durante un momento la abuela se sintió perdida, pero enseguida supo cómo preparar las tres tazas. ¿Cómo hizo?

85. CAMPEÓN lo tiene, AS no lo tiene.

TORRENTE lo tiene, ARROYO no lo tiene.

CAREY lo tiene, NÁCAR no lo tiene.

Entre MANZANA y DAMASCO, ¿quién lo tiene?

86. Un hombre entra a la panadería, pone 50 centavos sobre el mostrador, y dice "Pan". El dependiente pregunta: "¿Blanco o negro?"

Poco después entra otro hombre, pone 50 centavos sobre el mostrador, y dice: "Pan".

Esta vez el dependiente sabe, sin preguntar, que el hombre quiere pan negro.

¿Cómo lo supo? (No conocía a ninguno de los dos hombres)

87. Primer acto: tres ratas y pico se pasean por las playas de Cuba.

Segundo acto: tres ratas y pico corretean por Jamaica.

Tercer acto: tres ratas y pico merodean por las islas Caimán.

¿Cómo se llama esta película?

88. JULIA ROBERTS lo tiene, CAMERON DÍAZ no lo tiene.
JULIO CÉSAR lo tiene, NAPOLEÓN BONAPARTE no lo tiene.

WALTER GROPIUS lo tiene, PAUL KLEE no lo tiene.
Entre COUNT BASIE y DUKE ELLINGTON, ¿quién lo tiene?

89. En una primera lectura, esto luce muy mal. Pero buscándole el lado bueno, se descubre que todo está bien.

¿Cuál es el resultado de la última suma?

90. En una isla deshabitada, salvo por un grupo pequeño de ingleses, hay varios clubes en actividad. Observando las listas de socios, se verifica que:

a) Cada inglés es socio de exactamente tres clubes.

b) Cada club tiene tres socios, ni más ni menos.

c) Dados dos ingleses cualesquiera, ellos comparten exactamente dos clubes.

¿Cuántos ingleses hay en la isla?

91. Quienes nacieron en 1892 tuvieron en 1936 un cumpleaños muy especial. Algo similar les espera en el año 2025 a los que nacieron en 1980.

¿De qué se trata?

92. Un oso camina 10 Km. hacia el sur, 10 hacia el este y 10 hacia el norte, volviendo al punto del que partió.

¿De qué color es el oso?

93. Un criminal estaba en su celda y vino un detective y le dijo que quedaría en libertad si averiguaba este acertijo:

Ordena del uno al nueve de tal manera que coincida una letra con el número anterior.

1 – 2 – 4 – 5 – 6 – 7 – 8 – 9

Al final quedó en libertad. ¿Cómo lo hizo?

94. Observemos esta serie de números:

1, 3, 5, 7, 9, 11,...

¿Cuál es el patrón? ¿Cuáles son los tres números siguientes en la serie?

95. 2, 4, 6, 8, 10, 12, ...¿Cómo continua la serie?

96. ¿Cuántas veces puede restarse el número 1 del número 1.111?

97. ¿Qué día del año hablan menos los charlatanes?

98. Un granjero tiene 10 conejos, 20 caballos y 40 cerdos. Si llamamos “caballos” a los “cerdos”, ¿cuántos caballos tendrá?

99. Si cuatro flamencos en tres días se beben diez cántaros de vino, y cinco españoles en seis días beben veinte cántaros, la pregunta es, bebiendo todos juntos, ¿en cuánto tiempo se beberán una bota de sesenta cántaros?

100. Estás en la selva y viene una tormenta. Tienes 3 cuevas para refugiarte, en cada cueva hay 5 tigres muertos de hambre ¿en cuál de las cuevas te refugiarías?

101. En la casa de Juan hay 5 personas: Jojo, Jiji, Jaja y Jeje ¿quién falta?

SOLUCIONES

1. Más bajo.

2. Ocho.

3. B-C-D-A.

4. En coche.

5. El galgo.

6. En el juego número once.

7. Había 3 serpientes totalmente ciegas y 3 con ambos ojos sanos.

8. El agente pasó a engrosar la lista de parados, por incompetente, al haber llegado a la conclusión primera de que había más padres que hijos.

9. Quienquiera que sirviese primero sirvió cinco juegos, y el otro jugador sirvió cuatro. Supóngase que quien sirvió primero ganó x de los juegos que sirvió, e y del resto de los juegos. El número total de juegos perdidos por el jugador que los sirvió es, entonces, $5-x+y$. Esto es igual a 5 (se nos dijo que la que no sirvió ganó cinco juegos); por tanto, $x=y$, y el primer jugador ganó un total de $2x$ juegos. Porque sólo Santana ganó un número par de juegos, él debió ser el primero en servir.

10. El más viejo el de Mac, el más lento el de Jack y el más claro el de Smith.

11. El condenado dijo: «MORIRÉ EN LA HOGUERA». Si esta frase es cierta, el condenado debe morir envenenado. Pero en ese caso ya es falsa. Y si es falsa, debe morir en la hoguera, pero en este caso es verdadera. El condenado fue indultado.

12. El prisionero pregunta a uno de los dos servidores: «SI LE DIJERA A TU COMPAÑERO QUE ME SEÑALE LA PUERTA DE LA LIBERTAD, ¿QUÉ ME CONTESTARÍA?»

En los dos casos, el guardián señala la puerta de la esclavitud. Por supuesto elegiría la otra puerta para salir de la celda.

13. Necesito hacer tres preguntas y anotar las respuestas
la puerta 1 lleva a libertad ?
la puerta 2 lleva a """" ?
la puerta 3 lleva a la libertad?

Suponiendo la puerta 1 es la de la libertad

M = miente , V= dice la verdad , M/V = miente alternativo

M V M/V
puerta1 no si si
puerta2 si no no
puerta3 si no si

El que tenga un solo " si" es el que no miente

14. El primer preso (el que no ve ninguna boina) averigua el color de su boina: Como el tercer preso, que ve las dos boinas, no dice nada, no puede ver dos boinas negras. Si el segundo viera una boina negra en el primero, sabría que él tiene una blanca ya que no oye al tercero decir que tiene una blanca. Entonces el primer preso tiene una boina blanca.

15. Si uno cualquiera de ellos tuviera una boina negra, los otros dos sabrían que tiene una boina blanca; si no, el tercero diría inmediatamente que tiene una boina blanca. Luego cada preso tiene una boina blanca.

16. Si hubiera sólo un marido engañado, habría expulsado a su mujer la primera mañana, puesto que no conocería ninguna mujer infiel y sabría que hay por lo menos una.

Si hubiera dos maridos engañados, cada uno sabría que el otro era engañado, y esperaría que éste último expulsase a su mujer la primera mañana.

Como eso no tiene lugar, cada uno deduce que el otro espera lo mismo, y por tanto que hay dos mujeres infieles una de las cuales es la suya. Los dos maridos expulsan pues a sus mujeres la segunda mañana.

De la misma manera, si hubiera tres maridos engañados, cada uno sabría que los otros dos lo son, y esperaría que expulsaran a sus mujeres la segunda mañana. Como eso no tiene lugar, cada uno deduce que una tercera mujer infiel, que no puede ser otra más que la suya.

Los tres maridos expulsan pues a sus mujeres la tercera mañana.

Y así sucesivamente; los cuarenta maridos expulsan a sus cuarenta mujeres a los cuarenta días, por la mañana.

17. El pastor pasa primero la cabra, la deja en la otra orilla y regresa a por el lobo, al cruzar deja al lobo y vuelve con la cabra, deja la cabra y cruza con la lechuga, deja la lechuga con el lobo y regresa a por la cabra.

18. Eligió una papeleta y, con gesto fatalista, como correspondía a un árabe, se la tragó. El sultán hubo de mirar la que quedaba, para saber lo que decía la elegida por el reo, con lo que su salvación quedó asegurada merced al Gran Visir y a su propio ingenio.

19. Ana es más alta que la tenista, por lo tanto no es ni la tenista, ni la gimnasta; la más baja es la nadadora. La gimnasta no es Ana, ni Beatriz (mujer casada), es Carmen. Por eliminación, la tenista es Beatriz.

21. Veamos primero el número de jugadores en cada grupo. Sea x el número de jugadores del primer grupo.

$(30-x)(29-x)/2 - x(x-1)/2 = 87$
$870 - 59x + x^2 - x^2 + x = 174 \implies 58x = 696 \implies x = 12.$

Luego hubo 12 jugadores en el primer grupo y 18 jugadores en el segundo grupo. Cada jugador del primer grupo jugó 11 partidas y como el ganador totalizó 7'5 puntos, sin perder ninguna partida, tenemos, llamando y al número de partidas en las que hizo tablas: y 0'5 + (11-y) 1 = 7'5 ===> 0'5y = 3'5 ===> y = 7 partidas.

22. Los dos primeros enunciados sólo pueden satisfacer mediante dos disposiciones de Reyes y Damas: RDD y DRD. Los dos últimos enunciados sólo se cumplen con dos combinaciones de corazones y picas: PPC y PCP.

Los dos conjuntos pueden combinarse de cuatro maneras posibles:

RP, DP, DC - RP, DC, DP - DP, RP, DC - DP, RC, DP
El último conjunto queda excluido por contener dos Damas de picas.

Como los otros tres conjuntos están compuestos del Rey de picas, la Dama de picas y la Dama de corazones, tenemos la seguridad de que éstas son las tres cartas que están sobre la mesa. No podemos saber la posición de cada naipe en concreto, pero sí podemos decir que el primero ha de ser de picas y el tercero una Dama.

23. El chico de rojo tiene que estar con la muchacha de azul. La chica no puede ir de rojo, pues la pareja llevaría el mimo color, y tampoco puede ir de verde, porque el chico de rojo habló con la chica de verde cuando estaba bailando con otro amigo.

El mismo razonamiento hace ver que la chica de verde no puede estar ni con el chico de rojo ni con el de verde. Luego debe bailar con el chico vestido de azul. Así pues, nos queda la chica de rojo con el muchacho de verde.

24. Suponer que la dama se apellida Castaño conduce rápidamente a una contradicción. Su observación inicial fue replicada por la persona de pelo rubio, así que el pelo de Castaño no podrá ser de ese color.

Tampoco puede ser castaño, ya que se correspondería con su apellido. Por lo tanto debe ser blanco.

Esto implica que Rubio ha de tener el pelo castaño, y que Blanco debe tenerlo rubio. Pero la réplica de la persona rubia arrancó una exclamación de Blanco y, por consiguiente, éste habría de ser su propio interlocutor.

Por lo que antecede, la hipótesis de que la dama sea Castaño debe ser descartada. Además, el ,pelo de Blanco no puede ser de este color, ya que coincidirían color y apellido, y tampoco rubio, pues Blanco replica a la persona que tiene ese cabello.

Hay que concluir que el pelo de Blanco es castaño. Dado que la señora no tiene el pelo castaño, resulta que ésta no se apellida Blanco, y como tampoco puede llamarse Castaño, nos vemos forzados a admitir que su apellido es Rubio.

Como su pelo no puede ser ni rubio ni castaño, se debe concluir que es blanco. Si la señora Rubio no es una anciana, parece justificado que estamos hablando de una rubia platino.

25. Una respuesta bastante corriente es "50 honestos y 50 deshonestos". Otra bastante frecuente es "51 honestos y 49 deshonestos". ¡las dos respuestas son equivocadas!

La respuesta es que uno es honesto y 99 deshonestos.

26. La mujer de Dionisio.

Siguiendo el sentido de las agujas del reloj, la colocación es la siguiente: Armando, mujer de Dionisio, Basilio, mujer de Armando, Carlos, mujer de Basilio, Dionisio y mujer de Carlos.

27. El único cuyo color puede determinarse es C. Si el sello de C fuera rojo, B habría sabido que su sello no era rojo al pensar: "Si mi sello fuera también rojo. A, al ver dos sellos rojos, sabría que su sello no es rojo.

Pero A no sabe que su sello no es rojo. Por consiguiente, mi sello no puede ser rojo." Esto demuestra que si el sello de C fuera rojo, B habría sabido que su sello no era rojo. Pero B no sabía que su sello no era rojo; así que el sello de C no puede ser rojo.

El mismo razonamiento sustituyendo la palabra rojo por amarillo demuestra que el sello de C tampoco puede ser amarillo. Por tanto, el sello de C debe ser verde.

28.

CASA 1	CASA 2	CASA 3	CASA 4	CASA 5
Noruego	Danés	Inglés	Alemán	Sueco
Amarillo	Azul	Rojo	Verde	Blanco
Agua	Té	Leche	Café	Cerveza
Dunhill	Blend	PallMall	Prince	BlueMaster
Gatos	Caballos	Pájaros	PECES	Perro

29.

8	3	6
4	1	2
5	9	7

30. COLOCANDO NÚMEROS (2)

9	5	3
8	1	4
7	2	6

31. Según lo declarado en los números 3 y 5, la distancia entre rey y sota es inferior a la que separa al rey del as, que a su vez es menor de la que media entre rey y caballo. Como solo hay cuatro naipes, el rey debe estar junto a la sota, y el rey y el caballo en ambos extremos. En forma similar, la distancia entre espadas y bastos es menor de la que hay entre espadas y copas, que a su vez es inferior a la distancia entre espadas y oros. Por tanto, las espadas están junto a los bastos, y espadas y oros se encuentran en los extremos. Puesto que el caballo esta a la derecha de los bastos, no puede estar en el extremo izquierdo. De modo que tenemos, de izquierda a derecha: el rey de oros, la sota de copas, el as de bastos y el caballo de espadas.

32.

6	5	4
1	9	3
7	8	2

33. Pablo pesa 100 kilos; Carlos, 75; Renato, 86; y Jesús, 92. Se nos dice que Pablo pesa más de 95 kilos, y Carlos no más de 76 y, además, que los pesos de Pablo y de Carlos son múltiplos de 5.

34.

5	2	6
1	9	3
8	4	7

35. El lagarto está cuerdo, la oruga loca.

36. 1º) O-M-E-F-U-V. 2º) S-G-C-I-T-Y. 3º) A-D-L-P-N-R.

37. No es posible. La falsedad de la afirmación de Andrés implica la falsedad de la afirmación de Pablo y viceversa.

38. En minuto y medio un niño se come un pastel. En tres minutos dos pasteles. En 30 minutos 20 pasteles. Para comerse 60 en media hora se necesitan 3 niños.

39. Mario se quiere casar.

40. Ángel: agua. Boris: café. César: anís. Diego: vino.

41. El número buscado es el 204.862.

42. Los Brown.

43. EMPERADORES. AVAROS.

44. b) y d).

45. e) No hay suficientes datos para justificar una conclusión.

46. a) Puede que se quede sin gasolina.

47. d) y e).

48. a).

49. Los verdes.

50. Julia.

51. Al principio del pasillo hay tres interruptores, A,B y C, nuestro personaje pulsa el interruptor A, espera 10 minutos, lo apaga, pulsa el B y atraviesa el pasillo. Al abrir la puerta se puede encontrar con tres situaciones: Si la luz está encendida el pulsador será el B. Si la luz está apagada y la bombilla caliente será el A. Y si está apagada y la bombilla fría será el C.

52. La respuesta fue: "Ninguna".

53. La hormiga viajera. Cuando se multiplica por 60, los segundos se convierten en minutos.

54. "Esta frase tiene un errores"

55. Uno en 6. Explicación: sólo cabe tomar en cuenta las 3 cartas exhibidas. Hay 3 x 2 x 1 = 6 permutaciones posibles, y sólo una está en orden creciente.

56. Quitando la primera letra de cada palabra: "A la una en el río, Nico."

57. Di $5 (y no $10). Teníamos $25 cada uno.

58. Autumn, Winter, Spring y Summer tienen todas seis letras, mientras que otoño, invierno, primavera y verano tienen respectivamente 5, 8, 9 y 6.

59. 9 partidos. Mencho ganó 6 partidos y perdió 3. Lucho ganó 3 y perdió 6.

60. Ocho, continuando con la idea de que las primeras letras de las sucesivas palabras vayan sugiriendo los sucesivos números: un…, do…, tre…, etc.

61. 73 Ya que 37 es la mitad de 74.

62. 25. Ya que 52 es el doble de 26.

63. Cicerón, porque lleva el nombre de un número en su interior

64. Novecientos.

65. Noventa. .

66. Explicación: voy a contar del 0 al 999.999 (agrego el 0 pero saco el 1.000.000). Imagino cada número ocupando seis lugares (si hace falta agrego ceros adelante). Los números que necesito son los que en esos seis lugares tienen un 0 o bien un 1. O sea que tenemos $2x2x2x2x2x2= 64$.

67. Cada piso tiene 5 apartamentos. Explicación: $28 / 6 = 4$, con resto hay 4. Hay entonces 4, 5 o 6 apartamentos por piso. Si hubiese 4 o menos, el 28 estaría más arriba. Si hubiera 6 o más, el 28 estaría más abajo.

68. El portero vive en el piso 14. Explicación: suponiendo n apartamentos en el piso 1, hasta el piso 11 habrá $n + (n-1) + (n-2) + \ldots + (n-10) = 11n - 55$.

Esto debe ser menor o igual a 100, por lo que $n <= 14,09$.

Y hasta el piso 12 debe haber al menos 101:
$N + (n-1) + (n-2) + \ldots + (n-11) = 12n - 66 >= 101$
Por lo que $n >= 13{,}83$
Conclusión: $n = 14$.

69. María sostenía que la caja costaba $20; Daniela que costaba $10.

70. El número ½ multiplicado por 4 resulta ser 2/1. También se cumple con 2/4, 3/6, 4/8.

71. Un perro y cuatro hembras de pato.

72. Sí, es posible. Supongamos un torneo con 13 equipos. El equipo A gana 5 partidos y pierde 7. El resto de los partidos del torneo son empates. Entonces, A gana 3x5 = 15 puntos, y los demás, como mucho, 3+11x1 = 14 puntos. Con el sistema anterior, A hubiera ganado 2x5 = 10 puntos, y el resto hubiera tenido, como mínimo, 11x1 = 11 puntos.

73. Nació en 1991, y en 2002 cumplió 11 años.

74. ¿Usted viste camisas Large o Extra large?

75. Desde las 19:57 hasta las 20:00.

76. Haciendo: 1)1; 2)2, 3)4, 4)8, tenemos las primeras cuatro potencias de 2.

77. A4, A3, ... son formatos de hojas de papel. A4 se obtiene doblando al medio el formato A3, que sale de doblar al medio el A2, etc.

78. 500 – 10% = 450

79. 1 X 2 X 3 X 4 X 5 X 6 = 8 X 9 X 10

80. 12 X 13 = 156

81. Junto con el polvillo venía una cantidad impar de cerillas. Por ejemplo, tres. Como todos saben, pero no siempre tienen en cuenta: par + 3 = impar, y a su vez impar + 3 = par.

82. Oblongo

83. PALABRA lo tiene, porque es una palaba; mientras NÚMERO no lo tiene porque no es un número. .

84. Una taza con crema y canela, otra con canela y azúcar, otra con azúcar y crema.

85. DAMASCO, porque incluye una pieza de ajedrez.

86. El pan negro cuesta 50 cts., y el blanco 40. El primer hombre pagó con una moneda de 50. El segundo con dos de 20 y una de 10.

87. Piratas del Caribe.

88. COUNT BASIE tiene justo las cinco vocales.

89. 54 + 8 = 35, si la leemos de derecha a izquierda. O sea: 53 = 8 + 45.

90. Cuatro ingleses y cuatro clubes. Un modo fácil de verlo es marcar en un cubo cuatro vértices negros, para los ingleses. Los otro cuatro vértices son los clubes.

91. 1936 = 44 x 44. Y 44 son los años que entonces festejaron.

2025 = 45 x 45. Y 45 son los años que entonces festejarán.

92. El color del oso es blanco, por ser un oso polar.

Los únicos lugares donde se cumple la condición de regresar al punto de partida son el Polo Norte y cualquier punto situado a 10 km al norte de los paralelos que midan 10 km de circunferencia, puesto que al hacer los 10 km al este volveremos al punto de partida.

En cualquiera de estos casos estaremos en uno de los Polos, por lo que el oso será blanco.

93. En forma de crucigrama: UNO horizontal, DOS vertical coincidiendo en "O" de UNO; TRES horizontal invertido terminando en "S" de DOS; CUATRO vertical coincidiendo en la "T" de TRES; CINCO horizontal coincidiendo en la "O" de CUATRO; SEIS vertical coincidiendo en la "I" de CINCO;SIETE horizontal coincidiendo con la "S" de SEIS;OCHO horizontal invertido coincidiendo con la "O" de CINCO", NUEVE vertical invertido coincidiendo con la ultima E de SIETE.

94. éstos son números impares. Son aquellos números que no pueden ser divididos equitativamente por 2. Los tres números siguientes en la serie son:

...13, 15, 17

95. Son números pares. La serie continúa de esta manera:

2, 4, 6, 8, 10, 12, 14, 16, 18,..

96. Tan sólo una, puesto que en las ocasiones consecutivas estaríamos restándolo al número 1.110, 1.109, 1.108...

97. El día en el que se adelante la hora en primavera para adaptarse al horario de verano, puesto que es el día del año que menos horas tiene. Otra respuesta: el 29 de Febrero.

98. Seguirá teniendo 20. Llamarlos de otra manera no provoca que se transformen.

99. Hay que averiguar cuántos cántaros de vino beben los españoles en 3 días, que son 10 cántaros. Españoles y flamencos beben, juntos, 20 cántaros en 3 días. Por lo que se beberán 60 cántaros en nueve días. La respuesta es, entonces, 9 días.

100. En cualquiera por que los 3 están MUERTOS de hambre.

101. Juan.

Made in the USA
San Bernardino, CA
07 February 2016